小学生〜大人まで

3秒で 16000×0.45が暗算できる

鍵本　聡

講談社

本書の特徴と使い方

1 答え合わせがしやすい！

答えが次ページや隣のページに掲載されているので**答え合わせがしやすい！**

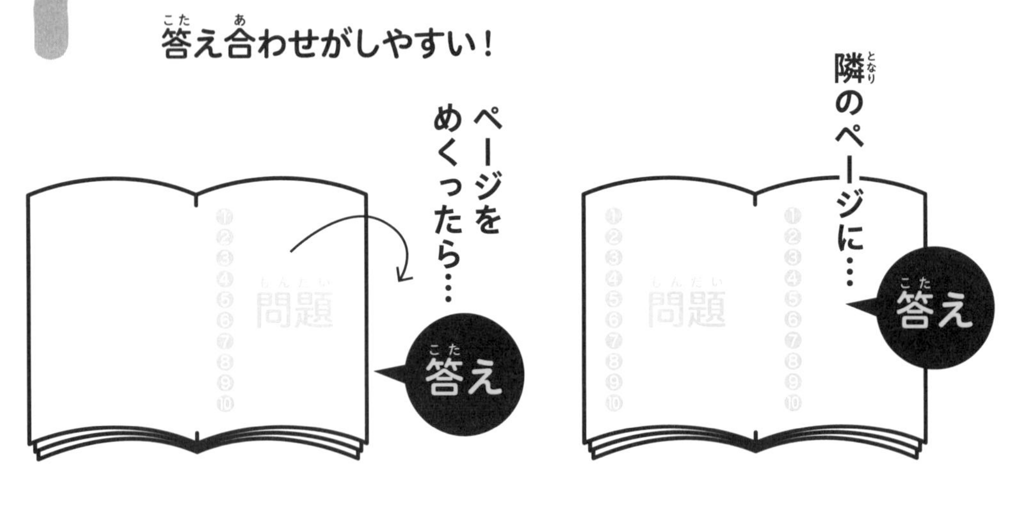

2 『計算力』などベストセラーの先生が著者！

累計150万部超！

現在は塾を経営しており、生徒たちのニーズに日々接しているので「何がわからないか」「どうやったら解きやすいか」という視点で作られていて、**解き進めていけば、自然と難しい問題も解けるようになっている！**

3 「偶数」×「5の倍数」の計算式にサッと反応できる!

本書では「偶数」×「5の倍数」を3秒で計算する方法を説明しています。とくに0が多くついたり、小数点の数字の場合は、偶数や5の倍数の判断についてはやり方があるので、簡単な練習問題からはじめ、**自然な流れで偶数×5の倍数の計算式に反応できる**ようになっています。

4 取り組みやすいところから始めてOK!

九九や偶数・5の倍数を見つけるといった問題が簡単だと思う人は飛ばしてもOKです! 自分のレベルに合った問題から解いてください。最終目標は**偶数×5の倍数が3秒で解けるようになる**こと。繰り返し何度も実践問題に挑戦してみましょう。

5 脳トレ&テスト対策にもなる!

本書は小学生〜大人に向けた計算ドリルです。

学生であればテスト対策に、**大人であれば脳トレ**になります!

CONTENTS

レッスン 4 0がたくさんついている・小数点がつく数の計算 52

レッスン 5 さぁ、一挙にキャッチボールしよう! 73

Column

はじめに

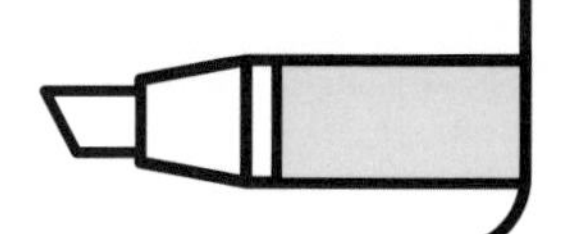

「偶数」と「5の倍数」は身の回りにあふれている

私たちは日常で「10進数」という
数の数え方を使っています。
0，1，2，3，4，5，6，
7，8，9…と数えていくとき、
9の次は繰り上がって「10」となります。
こんな風に10ごとに数が繰り上がっていく
数の数え方を「10進数」と呼びます。

ではなぜ10進数を使うのでしょう。
これには諸説ありますが、10というのは
人間の指の数だから、というのがあります。
正確に言うと、2本の手
それぞれに5本ずつ指があって、
指が10本あるから、というわけです。

すなわち、

私たちは10進数を使っている

→　その10という数は　2×5　である

→　すなわち、10進数を使っている限り、2と5のかけ算は何度も出てくる

というわけです。

なので、私たちは日常でも

2の倍数（偶数）と5の倍数を好んで使うのです。

たとえば、偶数はその辺にいっぱいあり、

「対になっているもの」というのが結構あります。

ステレオスピーカーもそうだし、

車の車輪も左右2つずつですね。

靴も左右、手袋も左右…

そして、片方の手袋の重さが77gだとしたら、

両方の手袋の重さは

77g ×2＝154g と偶数になります。

こんな風に色々なものが

偶数になるのです。

いっぽう5の倍数はどうでしょう？

実はみなさん、あまり意識していないかもしれませんが、
日常生活で私たちは5の倍数を好んで使っています。

みなさんが今まで受験した入試や資格試験、
試験時間は何分でしたか？
60分とか45分とか80分とか、
大抵は5の倍数だったのではないですか？

ある場所からある場所まで飛行機にのっている時間が
2時間26分だとして、それを知り合いに伝えるのに
「飛行機で2時間半（2.5時間）の距離だ」と言ったりしませんか？
厳密な意味では2.5は小数なので5の倍数ではないですが、
小数点を取り去ったら25となり5の倍数です。

すなわち私たちは、知らず知らずに
5の倍数を好んで使っているのです。
そんな偶数と5の倍数は、
当然かけ算する機会も圧倒的に多くなります。

日常生活で「偶数」×「5の倍数」だけでも
サッと計算できるようになれば、
計算力が格段にあがるのです。

本書は、そんな「偶数」×「5の倍数」を
圧倒的に早く計算する手法を身に付けるために
生み出された「スペシャルドリル」です。

とても簡単な段階からはじめ、
解き進んでいくと
自然に難しい計算が解けるようになっています。
この本を1冊解き終えたとき、
きっとみなさんの計算力が
アップしていることに気が付くはずです。

では早速スペシャルトレーニングをはじめていきましょう！
まずは九九の計算をしてみましょう。
九九がおぼつかないと、その先の計算がうまくいかないので重要です。

九九の練習

(答えは隣ページ。隠して挑戦してください)

簡単すぎる方はこのページは抜かしていただいて構いません。

2 × 2 = □	2 × 3 = □	2 × 4 = □	2 × 5 = □
2 × 6 = □	2 × 7 = □	2 × 8 = □	2 × 9 = □
3 × 2 = □	3 × 3 = □	3 × 4 = □	3 × 5 = □
3 × 6 = □	3 × 7 = □	3 × 8 = □	3 × 9 = □
4 × 2 = □	4 × 3 = □	4 × 4 = □	4 × 5 = □
4 × 6 = □	4 × 7 = □	4 × 8 = □	4 × 9 = □
5 × 2 = □	5 × 3 = □	5 × 4 = □	5 × 5 = □
5 × 6 = □	5 × 7 = □	5 × 8 = □	5 × 9 = □
6 × 2 = □	6 × 3 = □	6 × 4 = □	6 × 5 = □
6 × 6 = □	6 × 7 = □	6 × 8 = □	6 × 9 = □
7 × 2 = □	7 × 3 = □	7 × 4 = □	7 × 5 = □
7 × 6 = □	7 × 7 = □	7 × 8 = □	7 × 9 = □
8 × 2 = □	8 × 3 = □	8 × 4 = □	8 × 5 = □
8 × 6 = □	8 × 7 = □	8 × 8 = □	8 × 9 = □
9 × 2 = □	9 × 3 = □	9 × 4 = □	9 × 5 = □
9 × 6 = □	9 × 7 = □	9 × 8 = □	9 × 9 = □

2 × 2 = 4　2 × 3 = 6　2 × 4 = 8　2 × 5 = 10
2 × 6 = 12　2 × 7 = 14　2 × 8 = 16　2 × 9 = 18

3 × 2 = 6　3 × 3 = 9　3 × 4 = 12　3 × 5 = 15
3 × 6 = 18　3 × 7 = 21　3 × 8 = 24　3 × 9 = 27

4 × 2 = 8　4 × 3 = 12　4 × 4 = 16　4 × 5 = 20
4 × 6 = 24　4 × 7 = 28　4 × 8 = 32　4 × 9 = 36

5 × 2 = 10　5 × 3 = 15　5 × 4 = 20　5 × 5 = 25
5 × 6 = 30　5 × 7 = 35　5 × 8 = 40　5 × 9 = 45

6 × 2 = 12　6 × 3 = 18　6 × 4 = 24　6 × 5 = 30
6 × 6 = 36　6 × 7 = 42　6 × 8 = 48　6 × 9 = 54

7 × 2 = 14　7 × 3 = 21　7 × 4 = 28　7 × 5 = 35
7 × 6 = 42　7 × 7 = 49　7 × 8 = 56　7 × 9 = 63

8 × 2 = 16　8 × 3 = 24　8 × 4 = 32　8 × 5 = 40
8 × 6 = 48　8 × 7 = 56　8 × 8 = 64　8 × 9 = 72

9 × 2 = 18　9 × 3 = 27　9 × 4 = 36　9 × 5 = 45
9 × 6 = 54　9 × 7 = 63　9 × 8 = 72　9 × 9 = 81

レッスン 1

偶数×5の倍数の計算について

偶数と5の倍数を見抜く練習

まずは偶数と5の倍数を見抜く練習です。
次のページには色々なサイズ、フォント（書体）で書かれた数字が載っています。
13ページではこの中から「偶数」を、
15ページではこの中から「5の倍数」を見つけて、丸印で囲ってみましょう。
答えはそれぞれ次のページに載っています。

1 偶数を見抜く練習問題 (答えは次ページ)

この中から「偶数」を見つけて、丸印で囲ってみましょう。

答え

12
96
4
8
51
84
78
89
25
7
52
63
73
44
23
16
46

2　5の倍数を見抜く練習問題 (答えは次ページ)

この中から「5の倍数」を見つけて、丸印で囲ってみましょう。

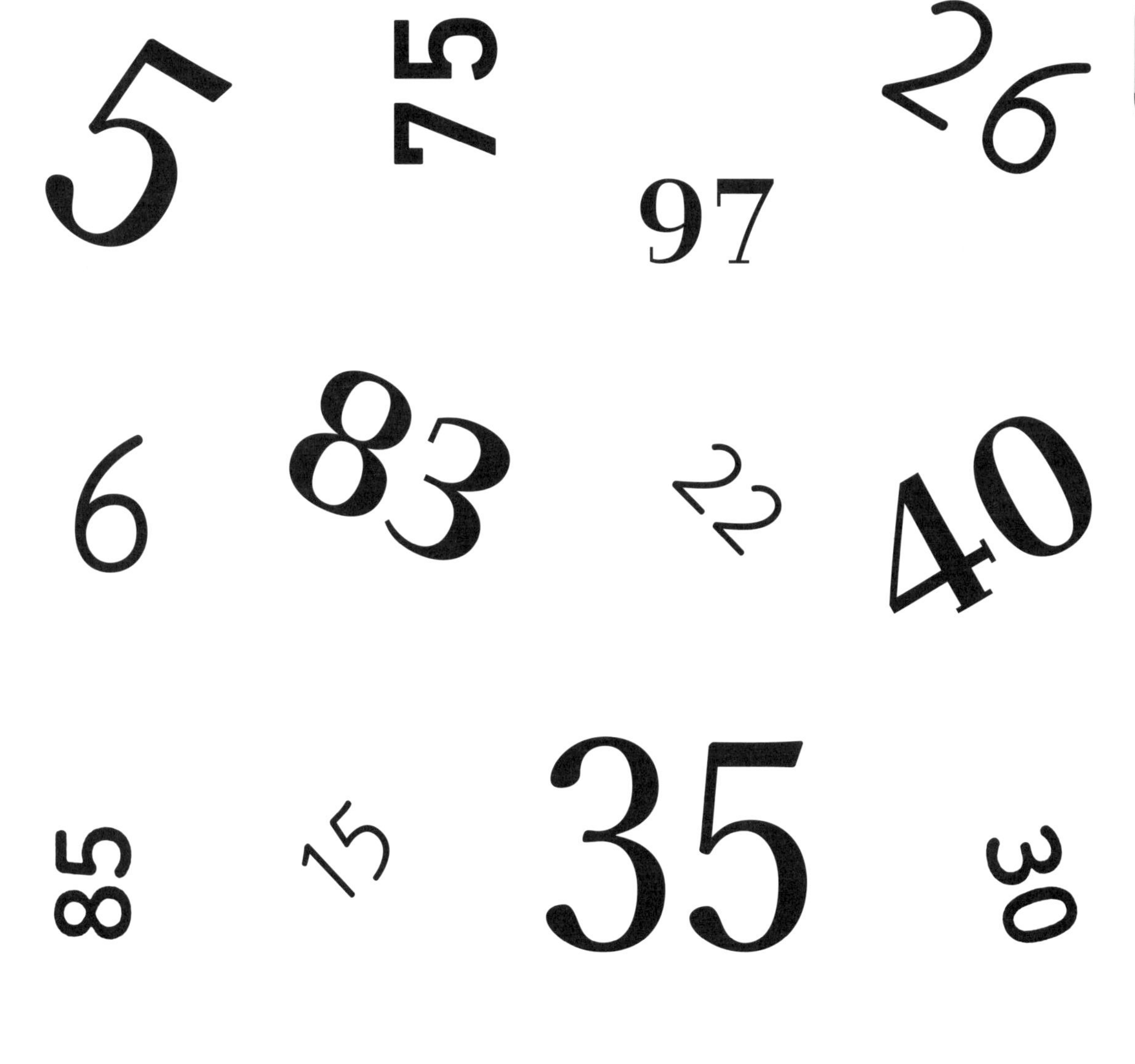

答え

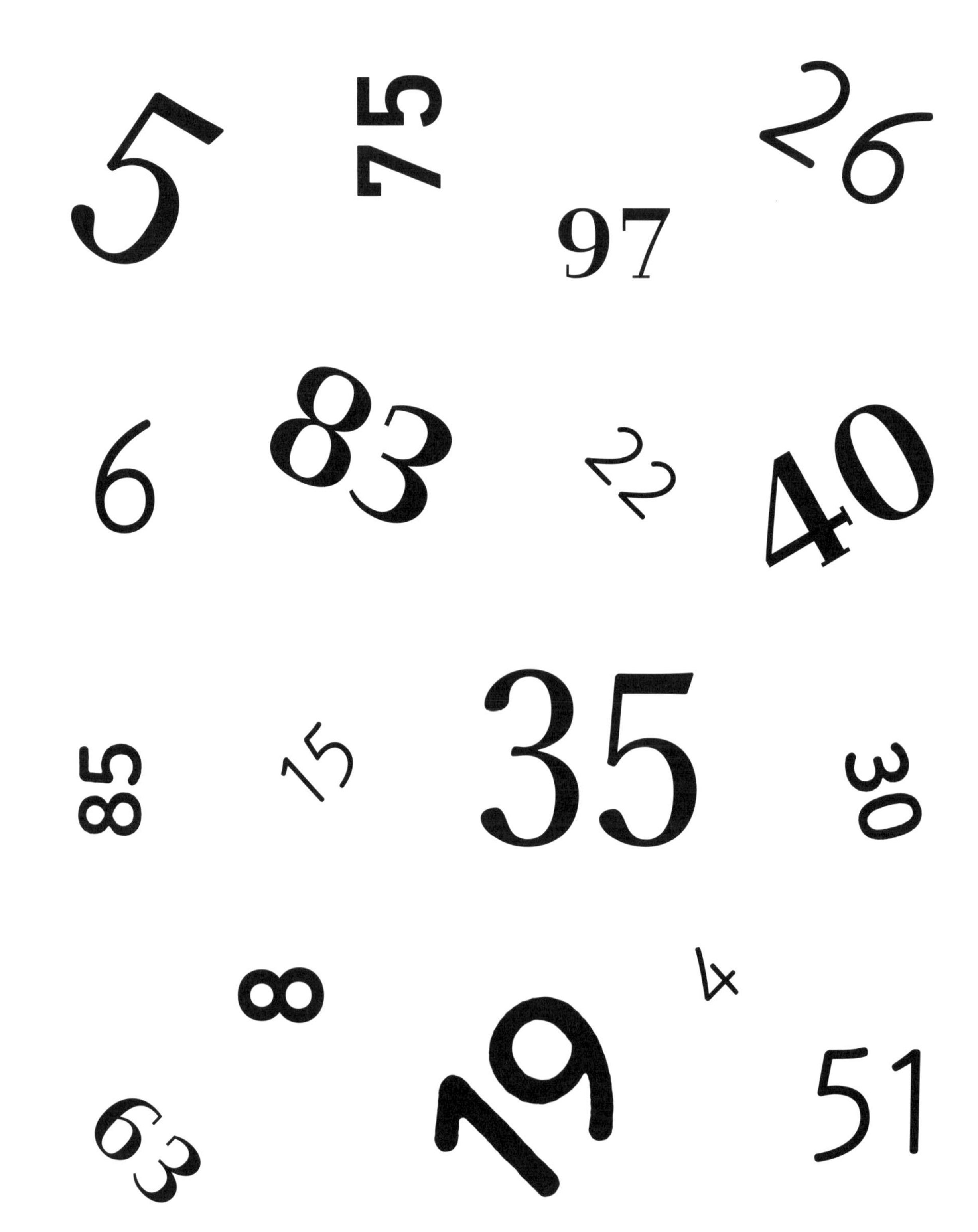
5
75
26
97
6
83
22
40
85
15
35
30
8
4
19
51
63

偶数を2×□の形に直す練習

次に偶数を2×□の形に変形する練習をします。
これは偶数×5の倍数計算をするための重要な基礎計算の一つです。

ここで「2」という数字をボール②と考え、
偶数の中にあるボールを取り出すというイメージでやってみましょう。

たとえば

6＝②×□
6÷2＝3なので、□には3が入る

このように偶数から2のボール②を取り出す際には、
偶数を2で割る計算をします。

次のページでは偶数を2×□の形にする練習をしてみましょう。
答えは隣のページなので、隠して挑戦してください。

偶数を2×□の形に直す練習問題

（答えは隣ページ。隠して挑戦してください）

偶数を2×□の形にする練習をしてみましょう。

① $4 = 2 \times \square$

② $8 = 2 \times \square$

③ $12 = 2 \times \square$

④ $16 = 2 \times \square$

⑤ $18 = 2 \times \square$

⑥ $24 = 2 \times \square$

⑦ $26 = 2 \times \square$

⑧ $28 = 2 \times \square$

⑨ $32 = 2 \times \square$

⑩ $0.8 = 2 \times \square$

⑪ $1.2 = 2 \times \square$

⑫ $0.038 = 2 \times \square$

⑬ $2.268 = 2 \times \square$

⑭ $240 = 2 \times \square$

⑮ $26000 = 2 \times \square$

⑯ $1280000 = 2 \times \square$

❶ $4 = 2 \times$ [2]

❷ $8 = 2 \times$ [4]

❸ $12 = 2 \times$ [6]

❹ $16 = 2 \times$ [8]

❺ $18 = 2 \times$ [9]

❻ $24 = 2 \times$ [12]

❼ $26 = 2 \times$ [13]

❽ $28 = 2 \times$ [14]

❾ $32 = 2 \times$ [16]

❿ $0.8 = 2 \times$ [0.4]

⓫ $1.2 = 2 \times$ [0.6]

⓬ $0.038 = 2 \times$ [0.019]

⓭ $2.268 = 2 \times$ [1.134]

⓮ $240 = 2 \times$ [120]

⓯ $26000 = 2 \times$ [13000]

⓰ $1280000 = 2 \times$ [640000]

レッスン 2

2のボールを瞬時に取り出し、キャッチボールをしよう！

その1 偶数から2のボールを取り出す

さて、偶数から2のボール②を取り出したところで、
そのボールに5の倍数をかけます。
これを キャッチボール方式 と呼ぶことにしましょう。

キャッチボール方式の準備段階としてまずは以下のように手順を進めましょう。

手順1 かけ算する2つの数のうち、「偶数」と「5の倍数」を瞬時に見極める

手順2 偶数の方から、先ほど練習したやりかたで2のボール②を取り出す

次の例を見てみましょう。

手順1 偶数と5の倍数を見極めます。
偶数⇒16　5の倍数⇒35

16 × 35 =

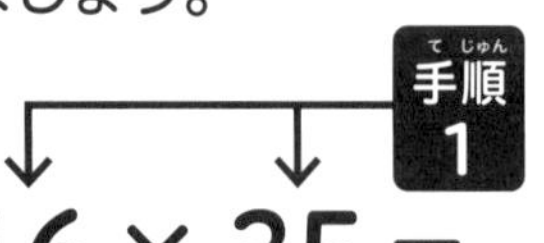

手順2 偶数の16から2のボールを取り出します。

つまり……
16（偶数）× 35（5の倍数）＝ ② × 8 × 35

まずは、キャッチボール方式の練習で、偶数と5の倍数を瞬時に見極めて、
さらに偶数から2のボールを取り出す練習をしましょう。

ボール取り出し練習問題 (答えは次ページ)

❶ のように、偶数を見極め2のボールを取り出してください。

❶ $8 \times 15 =$ 2 × 4 × 15

❷ $35 \times 12 =$ □ × □ × □

❸ $18 \times 25 =$ □ × □ × □

❹ $14 \times 15 =$ □ × □ × □

❺ $0.45 \times 22 =$ □ × □ × □

❻ $1.5 \times 72 =$ □ × □ × □

❼ $28 \times 35 =$ □ × □ × □

❽ $240 \times 55 =$ □ × □ × □

❾ $8.4 \times 35 =$ □ × □ × □

❿ $16000 \times 0.45 =$ □ × □ × □

① $8 \times 15 = 2 \times 4 \times 15$

② $35 \times 12 = 35 \times 2 \times 6$

③ $18 \times 25 = 2 \times 9 \times 25$

④ $14 \times 15 = 2 \times 7 \times 15$

⑤ $0.45 \times 22 = 0.45 \times 2 \times 11$

⑥ $1.5 \times 72 = 1.5 \times 2 \times 36$

⑦ $28 \times 35 = 2 \times 14 \times 35$

⑧ $240 \times 55 = 2 \times 120 \times 55$

⑨ $8.4 \times 35 = 2 \times 4.2 \times 35$

⑩ $16000 \times 0.45 = 2 \times 8000 \times 0.45$

2のボールを5の倍数へ投げるキャッチボールをしよう

いよいよキャッチボールに入ります。
先ほど練習した2のボールの取り出しができたら、
次はそのボールを5の倍数に投げる練習です。

手順1 偶数から取り出した2のボール ② を、5の倍数の方にくっつける

手順2 5の倍数と2のボール ② をかけ算する

20ページと同じ例で説明してみます。

手順1 先ほどのように偶数から2のボールを取り出しました。

$$16 \times 35 = 2 \times 8 \times 35$$

$$= 8 \times 2 \times 35$$

手順2 これを5の倍数にくっつけます。

簡単ですよね。後ろに偶数がある場合でも、
2×5の倍数の形に順番を入れ替えてみましょう。この作業を一挙に行います。

$$35 \times 16 = 2 \times 35 \times 8$$

上記のように2のボールを5の倍数にキャッチボールする練習を
次のページでしてみましょう。

キャッチボール練習問題 （答えは隣ページ。隠して挑戦してください）

①のように、2のボールを5の倍数へ投げる練習をしましょう。

① $8 \times 15 = \boxed{4} \times 2 \times \boxed{15}$

② $35 \times 12 = 2 \times \square \times \square$

③ $18 \times 25 = \square \times 2 \times \square$

④ $14 \times 15 = \square \times 2 \times \square$

⑤ $0.45 \times 22 = 2 \times \square \times \square$

⑥ $1.5 \times 72 = 2 \times \square \times \square$

⑦ $28 \times 35 = \square \times 2 \times \square$

⑧ $240 \times 55 = \square \times 2 \times \square$

⑨ $8.4 \times 35 = \square \times 2 \times \square$

⑩ $16000 \times 0.45 = \square \times 2 \times \square$

❶ $8 \times 15 = \boxed{4} \times 2 \times \boxed{15}$

❷ $35 \times 12 = 2 \times \boxed{35} \times \boxed{6}$

❸ $18 \times 25 = \boxed{9} \times 2 \times \boxed{25}$

❹ $14 \times 15 = \boxed{7} \times 2 \times \boxed{15}$

❺ $0.45 \times 22 = 2 \times \boxed{0.45} \times \boxed{11}$

❻ $1.5 \times 72 = 2 \times \boxed{1.5} \times \boxed{36}$

❼ $28 \times 35 = \boxed{14} \times 2 \times \boxed{35}$

❽ $240 \times 55 = \boxed{120} \times 2 \times \boxed{55}$

❾ $8.4 \times 35 = \boxed{4.2} \times 2 \times \boxed{35}$

❿ $16000 \times 0.45 = \boxed{8000} \times 2 \times \boxed{0.45}$

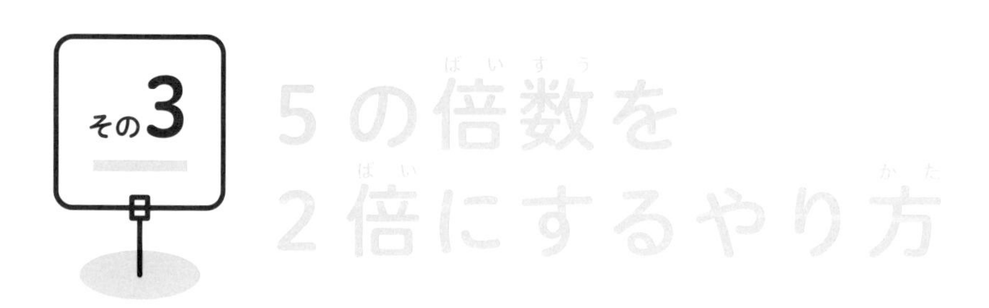

5の倍数を2倍にするやり方

キャッチボール方式の準備段階もそろそろクライマックスです。
さて、ここでは5の倍数を2倍する練習をします。
ただし、5の倍数でなおかつ末尾に「5」がつく数字です。
末尾が「0」のときはそのまま2倍してください。
手順としては以下になります。

手順1 5の倍数の1の位の「5」を取り去って2倍する

手順2 その答えに1を足す

手順3 その答えの右に0をくっつける

たとえば　35×2　の場合、

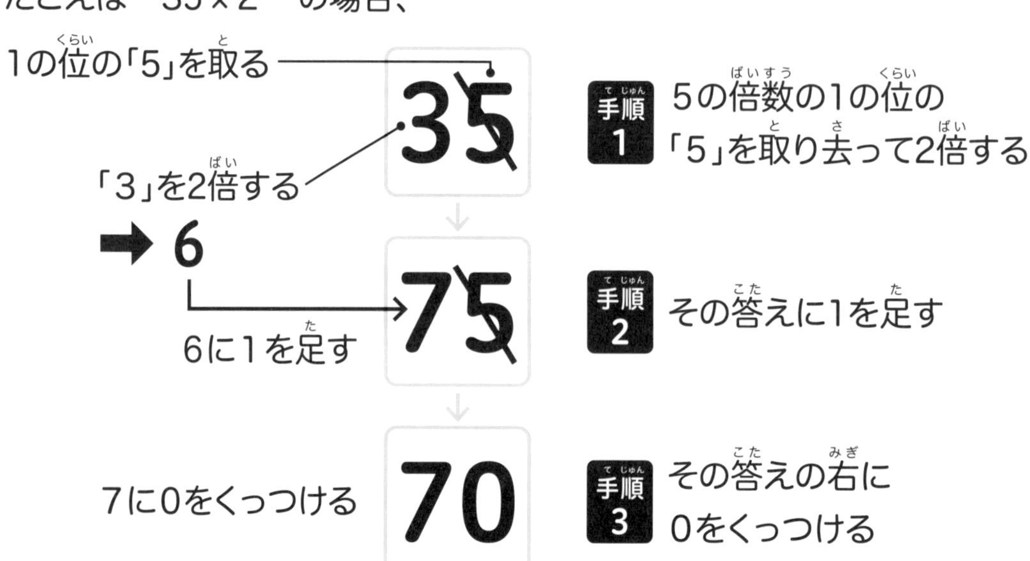

それでは、この計算の練習問題を解いていきます。

1 5の倍数を2倍する練習問題 (答えは次ページ)

5の倍数を2倍しましょう。簡単すぎる方は飛ばして大丈夫です。

(答えは次ページ)

① $2 \times 15 =$ □

② $35 \times 2 =$ □

③ $2 \times 25 =$ □

④ $45 \times 2 =$ □

⑤ $55 \times 2 =$ □

⑥ $65 \times 2 =$ □

⑦ $2 \times 95 =$ □

⑧ $105 \times 2 =$ □

⑨ $2 \times 155 =$ □

⑩ $2 \times 185 =$ □

① $2 \times 15 =$ 30

② $35 \times 2 =$ 70

③ $2 \times 25 =$ 50

④ $45 \times 2 =$ 90

⑤ $55 \times 2 =$ 110

⑥ $65 \times 2 =$ 130

⑦ $2 \times 95 =$ 190

⑧ $105 \times 2 =$ 210

⑨ $2 \times 155 =$ 310

⑩ $2 \times 185 =$ 370

2 5の倍数を2倍する練習問題 (答えは次ページ)

(答えは次ページ)

5の倍数を2倍しましょう。簡単すぎる方は飛ばして大丈夫です。

① 2 × 85 = □

② 2 × 125 = □

③ 175 × 2 = □

④ 135 × 2 = □

⑤ 75 × 2 = □

⑥ 115 × 2 = □

⑦ 2 × 165 = □

⑧ 2 × 145 = □

⑨ 195 × 2 = □

⑩ 315 × 2 = □

❶ $2 \times 85 =$ 170

❷ $2 \times 125 =$ 250

❸ $175 \times 2 =$ 350

❹ $135 \times 2 =$ 270

❺ $75 \times 2 =$ 150

❻ $115 \times 2 =$ 230

❼ $2 \times 165 =$ 330

❽ $2 \times 145 =$ 290

❾ $195 \times 2 =$ 390

❿ $315 \times 2 =$ 630

レッスン 3

実践問題

偶数×5の倍数の計算を練習しよう!

ではいよいよキャッチボール方式を使って、
偶数×5の倍数の計算をサッと解く練習をしましょう。
まずは手順を復習します。

手順1 偶数から取り出した②のボールを、5の倍数の方にくっつける(キャッチボール)

手順2 5の倍数と②のボールをかけ算する

手順3 変形したかけ算を計算して答えを出す

20ページと同じ例で説明してみます。

16×35
$= 2 \times 8 \times 35$ ― 偶数を見つけ出し、2×□の形にする
$= 8 \times 2 \times 35$ ― 2のボールを5の倍数にキャッチボール
$= 8 \times 70$ ― 2のボールと5の倍数をかけ算する
$= 560$ ― 変形したかけ算を計算して答えを出す

この計算をサッと一気にできるように練習しましょう。まずはワンクッションおいて、下記のようにキャッチボール後の式を書いてから計算する練習をします。

$$16 \times 35 = 8 \times 70 = 560$$

さぁ、次のページから実践問題がはじまります。
最終的には3秒以内の解答を目標に何度も練習してみましょう。

実践問題 1

(答えは隣ページ。隠して挑戦してください。1問10点)
偶数×5の倍数の計算を(5の倍数を2倍)×(偶数÷2)の形にしてから計算しましょう。

❶ 25×6＝□×□＝□

❷ 35×8＝□×□＝□

❸ 15×12＝□×□＝□

❹ 16×45＝□×□＝□

❺ 14×35＝□×□＝□

❻ 8×35＝□×□＝□

❼ 45×14＝□×□＝□

❽ 25×12＝□×□＝□

❾ 18×35＝□×□＝□

❿ 45×18＝□×□＝□

第1回　　点　　分　　秒

第2回　　点　　分　　秒

第3回　　点　　分　　秒

❶ $25 \times 6 = 50 \times 3 = 150$

❷ $35 \times 8 = 70 \times 4 = 280$

❸ $15 \times 12 = 30 \times 6 = 180$

❹ $16 \times 45 = 8 \times 90 = 720$

❺ $14 \times 35 = 7 \times 70 = 490$

❻ $8 \times 35 = 4 \times 70 = 280$

❼ $45 \times 14 = 90 \times 7 = 630$

❽ $25 \times 12 = 50 \times 6 = 300$

❾ $18 \times 35 = 9 \times 70 = 630$

❿ $45 \times 18 = 90 \times 9 = 810$

実践問題 2

（答えは隣ページ。隠して挑戦してください。1問10点）
偶数×5の倍数の計算を（5の倍数を2倍）×（偶数÷2）の形にしてから計算しましょう。

❶ 6 × 15 = □ × □ = □

❷ 6 × 35 = □ × □ = □

❸ 16 × 15 = □ × □ = □

❹ 15 × 4 = □ × □ = □

❺ 4 × 45 = □ × □ = □

❻ 22 × 15 = □ × □ = □

❼ 25 × 34 = □ × □ = □

❽ 25 × 22 = □ × □ = □

❾ 12 × 35 = □ × □ = □

❿ 45 × 8 = □ × □ = □

第1回	点	分	秒
第2回	点	分	秒
第3回	点	分	秒

最終目標 1問3秒！

❶ $6\times15=3\times30=90$

❷ $6\times35=3\times70=210$

❸ $16\times15=8\times30=240$

❹ $15\times4=30\times2=60$

❺ $4\times45=2\times90=180$

❻ $22\times15=11\times30=330$

❼ $25\times34=50\times17=850$

❽ $25\times22=50\times11=550$

❾ $12\times35=6\times70=420$

❿ $45\times8=90\times4=360$

実践問題 3

（答えは隣ページ。隠して挑戦してください。1問10点）
偶数×5の倍数の計算を（5の倍数を2倍）×（偶数÷2）の形にしてから計算しましょう。

❶ 25 × 8 = □ × □ = □

❷ 35 × 4 = □ × □ = □

❸ 25 × 16 = □ × □ = □

❹ 16 × 35 = □ × □ = □

❺ 12 × 75 = □ × □ = □

❻ 8 × 55 = □ × □ = □

❼ 25 × 14 = □ × □ = □

❽ 55 × 12 = □ × □ = □

❾ 18 × 55 = □ × □ = □

❿ 15 × 18 = □ × □ = □

第1回　　点　　分　　秒

第2回　　点　　分　　秒

第3回　　点　　分　　秒

最終目標 1問3秒！

❶ 25 × 8 = 50 × 4 = 200

❷ 35 × 4 = 70 × 2 = 140

❸ 25 × 16 = 50 × 8 = 400

❹ 16 × 35 = 8 × 70 = 560

❺ 12 × 75 = 6 × 150 = 900

❻ 8 × 55 = 4 × 110 = 440

❼ 25 × 14 = 50 × 7 = 350

❽ 55 × 12 = 110 × 6 = 660

❾ 18 × 55 = 9 × 110 = 990

❿ 15 × 18 = 30 × 9 = 270

実践問題 4

（答えは隣ページ。隠して挑戦してください。1問10点）
偶数×5の倍数の計算を（5の倍数を2倍）×（偶数÷2）の形にしてから計算しましょう。

❶ 45 × 6 = □ × □ = □

❷ 35 × 32 = □ × □ = □

❸ 25 × 36 = □ × □ = □

❹ 34 × 35 = □ × □ = □

❺ 44 × 25 = □ × □ = □

❻ 8 × 15 = □ × □ = □

❼ 25 × 24 = □ × □ = □

❽ 55 × 16 = □ × □ = □

❾ 8 × 45 = □ × □ = □

❿ 55 × 14 = □ × □ = □

第1回　点　分　秒

第2回　点　分　秒

第3回　点　分　秒

① 45 × 6 = 90 × 3 = 270

② 35 × 32 = 70 × 16 = 1120

③ 25 × 36 = 50 × 18 = 900

④ 34 × 35 = 17 × 70 = 1190

⑤ 44 × 25 = 22 × 50 = 1100

⑥ 8 × 15 = 4 × 30 = 120

⑦ 25 × 24 = 50 × 12 = 600

⑧ 55 × 16 = 110 × 8 = 880

⑨ 8 × 45 = 4 × 90 = 360

⑩ 55 × 14 = 110 × 7 = 770

実践問題 5

(答えは隣ページ。隠して挑戦してください。1問10点)
偶数×5の倍数の計算を(5の倍数を2倍)×(偶数÷2)の形にしてから計算しましょう。

❶ 45 × 12 = □ × □ = □

❷ 25 × 18 = □ × □ = □

❸ 55 × 6 = □ × □ = □

❹ 14 × 15 = □ × □ = □

❺ 35 × 22 = □ × □ = □

❻ 24 × 15 = □ × □ = □

❼ 22 × 45 = □ × □ = □

❽ 55 × 34 = □ × □ = □

❾ 24 × 45 = □ × □ = □

❿ 35 × 24 = □ × □ = □

第1回	点	分	秒
第2回	点	分	秒
第3回	点	分	秒

最終目標 1問3秒！

① $45 \times 12 = 90 \times 6 = 540$

② $25 \times 18 = 50 \times 9 = 450$

③ $55 \times 6 = 110 \times 3 = 330$

④ $14 \times 15 = 7 \times 30 = 210$

⑤ $35 \times 22 = 70 \times 11 = 770$

⑥ $24 \times 15 = 12 \times 30 = 360$

⑦ $22 \times 45 = 11 \times 90 = 990$

⑧ $55 \times 34 = 110 \times 17 = 1870$

⑨ $24 \times 45 = 12 \times 90 = 1080$

⑩ $35 \times 24 = 70 \times 12 = 840$

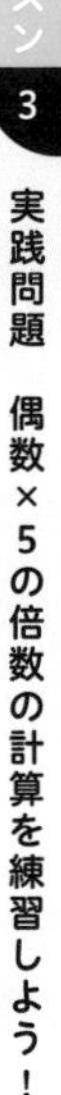

実践問題 6

(答えは隣ページ。隠して挑戦してください。1問10点)
少し難しくなります。偶数×5の倍数の計算を(5の倍数を2倍)×(偶数÷2)の形にしてから計算しましょう。

❶ 15×28＝ □ × □ ＝ □

❷ 55×28＝ □ × □ ＝ □

❸ 65×12＝ □ × □ ＝ □

❹ 32×55＝ □ × □ ＝ □

❺ 25×32＝ □ × □ ＝ □

❻ 14×75＝ □ × □ ＝ □

❼ 45×32＝ □ × □ ＝ □

❽ 26×35＝ □ × □ ＝ □

❾ 12×85＝ □ × □ ＝ □

❿ 65×16＝ □ × □ ＝ □

第1回　点　分　秒

第2回　点　分　秒

第3回　点　分　秒

① 15 × 28 = 30 × 14 = 420

② 55 × 28 = 110 × 14 = 1540

③ 65 × 12 = 130 × 6 = 780

④ 32 × 55 = 16 × 110 = 1760

⑤ 25 × 32 = 50 × 16 = 800

⑥ 14 × 75 = 7 × 150 = 1050

⑦ 45 × 32 = 90 × 16 = 1440

⑧ 26 × 35 = 13 × 70 = 910

⑨ 12 × 85 = 6 × 170 = 1020

⑩ 65 × 16 = 130 × 8 = 1040

実践問題 7

(答えは隣ページ。隠して挑戦してください。1問10点)
少し難しくなります。偶数×5の倍数の計算を(5の倍数を2倍)×(偶数÷2)の形にしてから計算しましょう。

❶ 25 × 26 = □ × □ = □

❷ 35 × 28 = □ × □ = □

❸ 115 × 12 = □ × □ = □

❹ 36 × 45 = □ × □ = □

❺ 36 × 35 = □ × □ = □

❻ 36 × 55 = □ × □ = □

❼ 65 × 14 = □ × □ = □

❽ 25 × 42 = □ × □ = □

❾ 18 × 75 = □ × □ = □

❿ 45 × 28 = □ × □ = □

第1回　点　分　秒

第2回　点　分　秒

第3回　点　分　秒

❶ $25 \times 26 = 50 \times 13 = 650$

❷ $35 \times 28 = 70 \times 14 = 980$

❸ $115 \times 12 = 230 \times 6 = 1380$

❹ $36 \times 45 = 18 \times 90 = 1620$

❺ $36 \times 35 = 18 \times 70 = 1260$

❻ $36 \times 55 = 18 \times 110 = 1980$

❼ $65 \times 14 = 130 \times 7 = 910$

❽ $25 \times 42 = 50 \times 21 = 1050$

❾ $18 \times 75 = 9 \times 150 = 1350$

❿ $45 \times 28 = 90 \times 14 = 1260$

実践問題 8

(答えは隣ページ。隠して挑戦してください。1問10点)
少し難しくなります。偶数×5の倍数の計算を(5の倍数を2倍)×(偶数÷2)の形にしてから計算しましょう。

① 34×15＝□×□＝□

② 125×28＝□×□＝□×□＝□

③ 85×22＝□×□＝□

④ 35×44＝□×□＝□

⑤ 66×35＝□×□＝□

⑥ 25×52＝□×□＝□

⑦ 75×24＝□×□＝□×□＝□

⑧ 26×45＝□×□＝□

⑨ 18×65＝□×□＝□

⑩ 65×22＝□×□＝□

答え

第1回　　点　　分　　秒

第2回　　点　　分　　秒

第3回　　点　　分　　秒

最終目標 1問3秒!

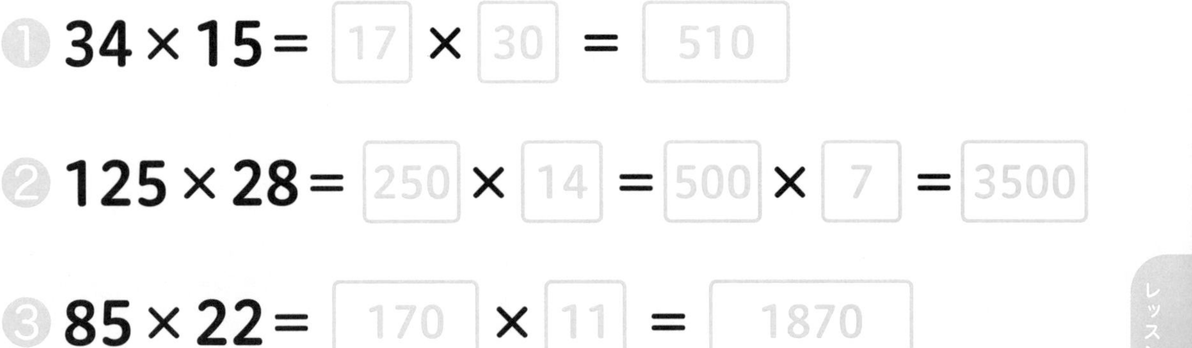

① $34 \times 15 = 17 \times 30 = 510$

② $125 \times 28 = 250 \times 14 = 500 \times 7 = 3500$

③ $85 \times 22 = 170 \times 11 = 1870$

④ $35 \times 44 = 70 \times 22 = 1540$

⑤ $66 \times 35 = 33 \times 70 = 2310$

⑥ $25 \times 52 = 50 \times 26 = 1300$

⑦ $75 \times 24 = 150 \times 12 = 300 \times 6 = 1800$

⑧ $26 \times 45 = 13 \times 90 = 1170$

⑨ $18 \times 65 = 9 \times 130 = 1170$

⑩ $65 \times 22 = 130 \times 11 = 1430$

実践問題 9

（答えは隣ページ。隠して挑戦してください。1問10点）
少し難しくなります。偶数×5の倍数の計算を（5の倍数を2倍）×（偶数÷2）の形にしてから計算しましょう。

❶ 44×55＝□×□＝□

❷ 45×38＝□×□＝□

❸ 35×46＝□×□＝□

❹ 42×35＝□×□＝□

❺ 28×65＝□×□＝□×□＝□

❻ 44×45＝□×□＝□

❼ 165×12＝□×□＝□

❽ 135×18＝□×□＝□

❾ 24×175＝□×□＝□×□＝□

❿ 125×56＝□×□＝□×□＝□

第1回　点　分　秒

第2回　点　分　秒

第3回　点　分　秒

① 44 × 55 = 22 × 110 = 2420

② 45 × 38 = 90 × 19 = 1710

③ 35 × 46 = 70 × 23 = 1610

④ 42 × 35 = 21 × 70 = 1470

⑤ 28 × 65 = 14 × 130 = 7 × 260 = 1820

⑥ 44 × 45 = 22 × 90 = 1980

⑦ 165 × 12 = 330 × 6 = 1980

⑧ 135 × 18 = 270 × 9 = 2430

⑨ 24 × 175 = 12 × 350 = 6 × 700 = 4200

⑩ 125 × 56 = 250 × 28 = 500 × 14 = 7000

実践問題 10

（答えは隣ページ。隠して挑戦してください。1問10点）
少し難しくなります。偶数×5の倍数の計算を（5の倍数を2倍）×（偶数÷2）の形にしてから計算しましょう。

① 22×55＝□×□＝□

② 115× 8 ＝□×□＝□

③ 75×16＝□×□＝□

④ 26×55＝□×□＝□

⑤ 12×105＝□×□＝□

⑥ 28×25＝□×□＝□

⑦ 24×55＝□×□＝□

⑧ 125×32＝□×□＝□×□＝□

⑨ 16×175＝□×□＝□×□＝□

⑩ 175×28＝□×□＝□×□＝□

第1回　点　分　秒

第2回　点　分　秒

第3回　点　分　秒

① $22 \times 55 = 11 \times 110 = 1210$

② $115 \times 8 = 230 \times 4 = 920$

③ $75 \times 16 = 150 \times 8 = 1200$

④ $26 \times 55 = 13 \times 110 = 1430$

⑤ $12 \times 105 = 6 \times 210 = 1260$

⑥ $28 \times 25 = 14 \times 50 = 700$

⑦ $24 \times 55 = 12 \times 110 = 1320$

⑧ $125 \times 32 = 250 \times 16 = 500 \times 8 = 4000$

⑨ $16 \times 175 = 8 \times 350 = 4 \times 700 = 2800$

⑩ $175 \times 28 = 350 \times 14 = 700 \times 7 = 4900$

レッスン 4

0がたくさんついている・小数点がつく数の計算

さて、今までキャッチボール方式で偶数×5の倍数の問題をたくさん練習しました。3秒以内で解けるようになったでしょうか？
ただし、偶数や5の倍数に、0がたくさんついていたり、小数の形をしていたりすることも多々あります。そうなると、今までのキャッチボール方式では計算できない、と思われるかもしれません。けれども、ご安心を。このタイトルにある16000×0.45 のような計算も3秒で解けるようになるのです！

ここでは桁の移動が加わるキャッチボール方式を練習していきます。
まずは偶数を見抜く練習からはじめ、次に5の倍数を見抜く練習をしましょう。

次のページの中から「偶数」を見つけて、丸印で囲ってみましょう。答えは次のページに載っています。
小数の場合は小数点を取り除いてから、また0がたくさんついた大きな数の場合は、0を取り除いてから偶数かどうか考えます。

たとえば21000は厳密な意味では偶数ですが、ここでは0を取り除くと「21」となるので、奇数だと考えます。また0.12は厳密な意味では整数ではないので偶数とか奇数という概念に当てはまらないのですが、小数点を取り除くと「12」になるので偶数だと考えます。

1 偶数を見抜く練習問題 (答えは次ページ)

この中から「偶数」を見つけて、丸印で囲ってみましょう。

5.6　42000　595000

1.28　12800

0.0034　5.346

234.65

5.06　10.6

0.00004

39200　42.07

1.008　0.36

63000000

答え

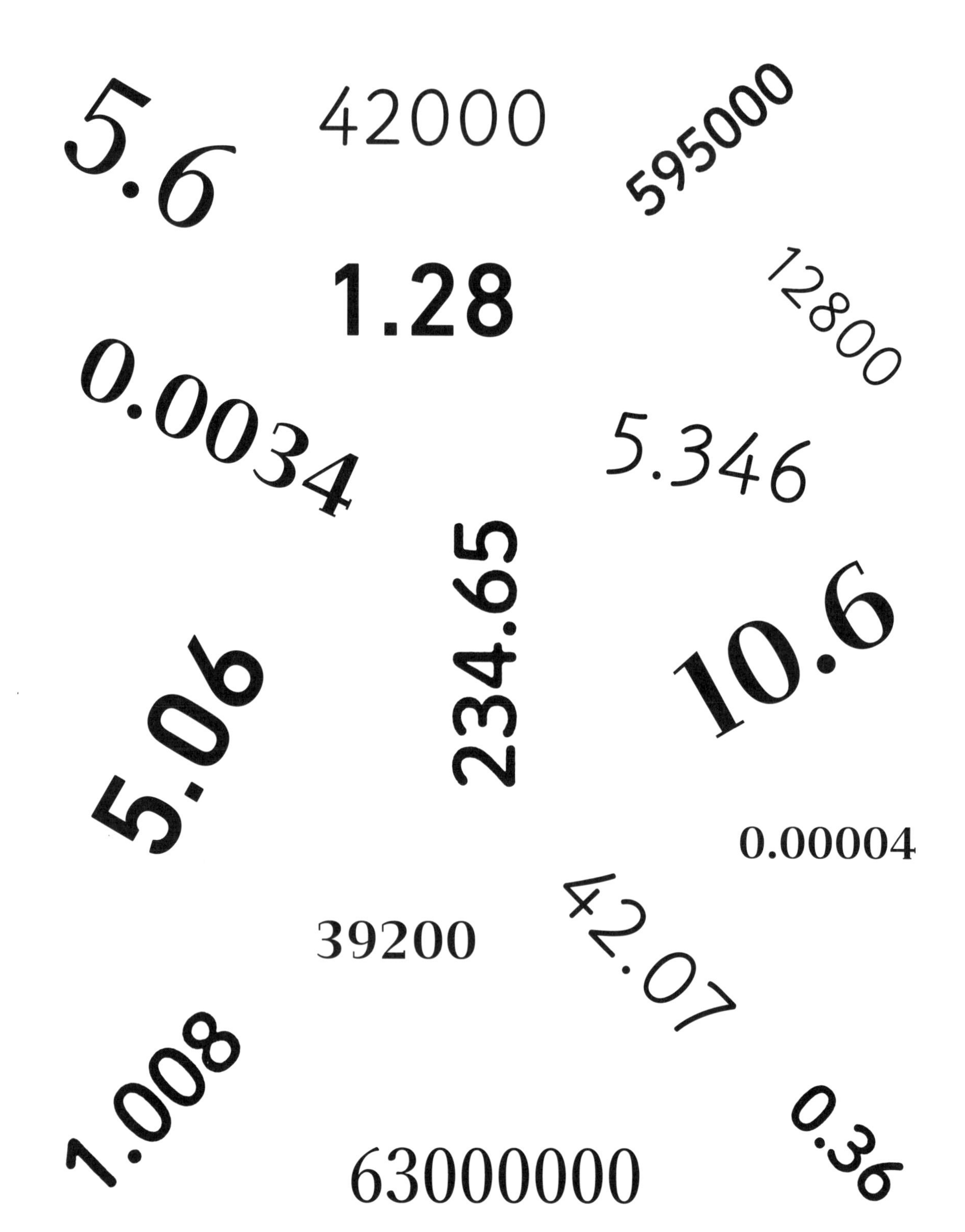
5.6
42000
595000
1.28
12800
0.0034
5.346
234.65
10.6
5.06
0.00004
39200
42.07
1.008
0.36
63000000

ここまで解いてみて
いかがでしたか？
まだ難しい、と感じた人は、
P32からはじまる
実践問題1～10を
すべて3秒で
解けるようになってから
挑戦するといいでしょう。

次に、0がたくさんつく数や小数点がつく数から
「5の倍数」を見つける練習をしましょう。

次のページの中から「5の倍数」を見つけて、丸印で囲ってみましょう。
答えは次のページに載っています。

偶数の時と同様、小数の場合は小数点を取り除いてから、
また0がたくさんついた大きな数の場合は、
0を取り除いてから5の倍数かどうか考えます。

たとえば21000 は厳密な意味では5の倍数ですが、
ここでは 0を取り除くと「21」となるので、
5の倍数ではないと考えます。

また0.15は厳密な意味では整数ではないので
5の倍数という概念に当てはまらないのですが、
小数点を取り除くと「15」になるので
5の倍数だと考えます。

2 5の倍数を見抜く練習問題 (答えは次ページ)

この中から「5の倍数」を見つけて、丸印で囲ってみましょう。

8500

39000

12500

0.35

150

5.05

5.6

234.65

10.6

42.05

1.25

0.0035

520

42000

0.00005

595000

1.008

635000000

5.346

答え

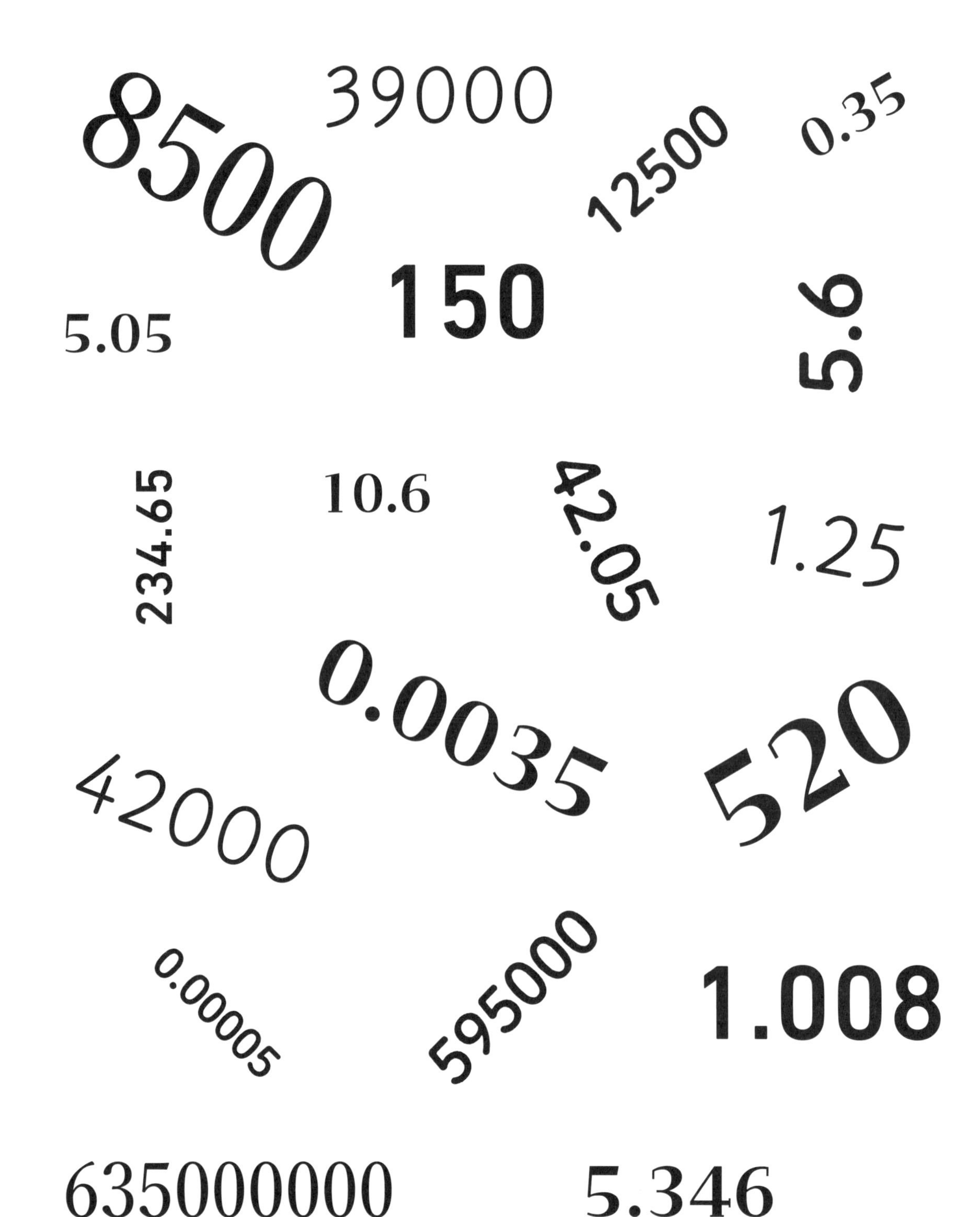
8500
39000
12500
0.35
150
5.05
5.6
234.65
10.6
42.05
1.25
0.0035
520
42000
0.00005
595000
1.008
635000000
5.346

数字を分離する練習

さて、0がたくさんつく数や小数点がつく数から
偶数や5の倍数を見抜くことができるようになったところで、
それらを分離する練習に入りましょう。

たとえば、0がたくさんつく数の分離は、

$$16000 \rightarrow 16 \times 1000$$

「000」の部分を「16」と分離して、頭に「1」をくっつける

小数点がつく数の分離は、

$$0.45 \rightarrow 45 \times 0.01$$

「45」と同じ桁数の、末尾が「1」の小数に分離する

たとえば、0.0009なら、「9」と「0.0001」、
0.025なら「25」と「0.001」、9.1なら「91」と「0.1」というように、
「整数と元の数と同じ桁数で末尾が1の小数」に分離するのです。

次のページに練習問題を掲載しているので、挑戦してみましょう。

1 数字を分離する練習問題

（答えは隣ページ。隠して挑戦してください）

次の数字を数の部分と桁の部分に分けてみましょう。

❶ 120＝□×□

❷ 600＝□×□

❸ 980＝□×□

❹ 1200＝□×□

❺ 2500＝□×□

❻ 3400＝□×□

❼ 45000＝□×□

❽ 5600＝□×□

❾ 10200＝□×□

❿ 542400＝□×□

① 120＝ 12 × 10

② 600＝ 6 × 100

③ 980＝ 98 × 10

④ 1200＝ 12 × 100

⑤ 2500＝ 25 × 100

⑥ 3400＝ 34 × 100

⑦ 45000＝ 45 × 1000

⑧ 5600＝ 56 × 100

⑨ 10200＝ 102 × 100

⑩ 542400＝ 5424 × 100

2 数字を分離する練習問題

(答えは隣ページ。隠して挑戦してください)

次の数字を数の部分と桁の部分に分けてみましょう。

① 2.5 = □ × □

② 3.6 = □ × □

③ 0.75 = □ × □

④ 0.36 = □ × □

⑤ 0.075 = □ × □

⑥ 0.008 = □ × □

⑦ 0.096 = □ × □

⑧ 0.0012 = □ × □

⑨ 0.0084 = □ × □

⑩ 0.00064 = □ × □

❶ 2.5 = 25 × 0.1

❷ 3.6 = 36 × 0.1

❸ 0.75 = 75 × 0.01

❹ 0.36 = 36 × 0.01

❺ 0.075 = 75 × 0.001

❻ 0.008 = 8 × 0.001

❼ 0.096 = 96 × 0.001

❽ 0.0012 = 12 × 0.0001

❾ 0.0084 = 84 × 0.0001

❿ 0.00064 = 64 × 0.00001

数字を分離してからキャッチボールをしよう

いよいよ、数字を分離してからキャッチボールをする練習をします。
先ほど練習した数字を分離して、キャッチボールで計算した後、
分離した桁の部分をかける、という作業をします。

手順1 数字の分離を行う

$$0.12\times 35$$
$$=12\times 0.01\times 35$$
$$=0.01\times(12\times 35)$$

手順2 キャッチボールで計算

$$12\times 35=6\times 70=420$$

手順3 分離した桁をかける

$$0.12\times 35$$
$$=12\times 0.01\times 35$$

分離したところ

$$=0.01\times(12\times 35)$$

キャッチボール計算の準備

$$=0.01\times 420$$

キャッチボール計算をしたところ

$$=4.2$$

0.01をかけて小数点を左に2桁移動したところ（420）

1 桁の移動をしながらキャッチボール練習問題

(答えは次ページ)　数字を数の部分と桁の部分に分け、さらに(5の倍数を2倍)×(偶数÷2)の形にしてから計算する練習をしましょう。

❶ $2500 \times 16 = \square \times \square \times 16$

$= \square \times \square \times 8 = \square$

❷ $150 \times 28 = \square \times \square \times 28$

$= \square \times \square \times 14 = \square$

❸ $45 \times 1200 = 45 \times \square \times \square$

$= 90 \times \square \times \square = \square$

❹ $180 \times 45 = \square \times \square \times 45$

$= \square \times \square \times 90 = \square$

❺ $16 \times 35000 = 16 \times \square \times \square$

$= 8 \times \square \times \square = \square$

レッスン 4

0がたくさんついている・小数点がつく数の計算

❶ $2500 \times 16 = 25 \times 100 \times 16$

$= 50 \times 100 \times 8 = 40000$

❷ $150 \times 28 = 15 \times 10 \times 28$

$= 30 \times 10 \times 14 = 4200$

❸ $45 \times 1200 = 45 \times 12 \times 100$

$= 90 \times 6 \times 100 = 54000$

❹ $180 \times 45 = 18 \times 10 \times 45$

$= 9 \times 10 \times 90 = 8100$

❺ $16 \times 35000 = 16 \times 35 \times 1000$

$= 8 \times 70 \times 1000 = 560000$

2 桁の移動をしながらキャッチボール練習問題

(答えは次ページ)　数字を数の部分と桁の部分に分け、さらに(5の倍数を2倍)×(偶数÷2)の形にしてから計算する練習をしましょう。

❶ 0.35 × 12 = □ × □ ×12 = □

❷ 2.4 × 4.5 = □ × □ × □ × □ = □

❸ 5.5 × 12 = □ × □ × 12= □

❹ 25 × 0.44 = 25 × □ × □ = □

❺ 22 × 0.015 = 22 × □ × □ = □

❻ 0.55 × 16 = □ × □ × 16 = □

❼ 4.8 × 2.5 = □ × □ × □ × □ = □

❽ 7.5 × 16 = □ × □ × 16 = □

❾ 25 × 0.0016 = 25 × □ × □ = □

❿ 28 × 0.015 = 28 × □ × □ = □

① $0.35 \times 12 = \boxed{35} \times \boxed{0.01} \times 12 = \boxed{4.2}$

② $2.4 \times 4.5 = \boxed{24} \times \boxed{0.1} \times \boxed{45} \times \boxed{0.1} = \boxed{10.8}$

③ $5.5 \times 12 = \boxed{55} \times \boxed{0.1} \times 12 = \boxed{66}$

④ $25 \times 0.44 = 25 \times \boxed{44} \times \boxed{0.01} = \boxed{11}$

⑤ $22 \times 0.015 = 22 \times \boxed{15} \times \boxed{0.001} = \boxed{0.33}$

⑥ $0.55 \times 16 = \boxed{55} \times \boxed{0.01} \times 16 = \boxed{8.8}$

⑦ $4.8 \times 2.5 = \boxed{48} \times \boxed{0.1} \times \boxed{25} \times \boxed{0.1} = \boxed{12}$

⑧ $7.5 \times 16 = \boxed{75} \times \boxed{0.1} \times 16 = \boxed{120}$

⑨ $25 \times 0.0016 = 25 \times \boxed{16} \times \boxed{0.0001} = \boxed{0.04}$

⑩ $28 \times 0.015 = 28 \times \boxed{15} \times \boxed{0.001} = \boxed{0.42}$

3 桁の移動をしながらキャッチボール練習問題

(答えは次ページ)　数字を数の部分と桁の部分に分け、さらに(5の倍数を2倍)×(偶数÷2)の形にしてから計算する練習をしましょう。

① 0.25 × 16 = □ × □ ×16 = □

② 1.8 × 3.5 = □ × □ × □ × □ = □

③ 0.055 × 12 = □ × □ × 12= □

④ 350 × 1.4 = □ × □ × □ × □ = □

⑤ 1800 × 0.15 = □ × □ × □ × □ = □

⑥ 0.18 × 1500 = □ × □ × □ × □ = □

⑦ 1.4 × 45000 = □ × □ × □ × □ = □

⑧ 5500 × 0.12 = □ × □ × □ × □ = □

⑨ 0.25 × 0.008 = □ × □ × □ × □ = □

⑩ 35000 × 0.004 = □ × □ × □ × □ = □

① $0.25 \times 16 = 25 \times 0.01 \times 16 = 4$

② $1.8 \times 3.5 = 18 \times 0.1 \times 35 \times 0.1 = 6.3$

③ $0.055 \times 12 = 55 \times 0.001 \times 12 = 0.66$

④ $350 \times 1.4 = 35 \times 10 \times 14 \times 0.1 = 490$

⑤ $1800 \times 0.15 = 18 \times 0.01 \times 15 \times 100 = 270$

⑥ $0.18 \times 1500 = 18 \times 0.01 \times 15 \times 100 = 270$

⑦ $1.4 \times 45000 = 14 \times 0.1 \times 45 \times 1000 = 63000$

⑧ $5500 \times 0.12 = 55 \times 100 \times 12 \times 0.01 = 660$

⑨ $0.25 \times 0.008 = 25 \times 0.01 \times 8 \times 0.001 = 0.002$

⑩ $35000 \times 0.004 = 35 \times 1000 \times 4 \times 0.001 = 140$

4 桁の移動をしながらキャッチボール練習問題

(答えは次ページ)　数字を数の部分と桁の部分に分け、さらに(5の倍数を2倍)×(偶数÷2)の形にしてから計算する練習をしましょう。

❶ 3.5 × 2800 = □ × □ × □ × □ = □

❷ 7.5 × 220 = □ × □ × □ × □ = □

❸ 3600 × 0.55 = □ × □ × □ × □ = □

❹ 350 × 2.4 = □ × □ × □ × □ = □

❺ 2.6 × 4500 = □ × □ × □ × □ = □

❻ 0.0105 × 16000 = □ × □ × □ × □ = □

❼ 8500 × 0.16 = □ × □ × □ × □ = □

❽ 7500 × 320 = □ × □ × □ × □ = □

❾ 0.75 × 0.08 = □ × □ × □ × □ = □

❿ 55000 × 0.022 = □ × □ × □ × □ = □

① $3.5 \times 2800 = 35 \times 0.1 \times 28 \times 100 = 9800$

② $7.5 \times 220 = 75 \times 0.1 \times 22 \times 10 = 1650$

③ $3600 \times 0.55 = 36 \times 100 \times 55 \times 0.01 = 1980$

④ $350 \times 2.4 = 35 \times 10 \times 24 \times 0.1 = 840$

⑤ $2.6 \times 4500 = 26 \times 0.1 \times 45 \times 100 = 11700$

⑥ $0.0105 \times 16000 = 105 \times 0.0001 \times 16 \times 1000 = 168$

⑦ $8500 \times 0.16 = 85 \times 100 \times 16 \times 0.01 = 1360$

⑧ $7500 \times 320 = 75 \times 100 \times 32 \times 10 = 2400000$

⑨ $0.75 \times 0.08 = 75 \times 0.01 \times 8 \times 0.01 = 0.06$

⑩ $55000 \times 0.022 = 55 \times 1000 \times 22 \times 0.001 = 1210$

さぁ、一挙に キャッチボールしよう！

レッスン 5

先ほどは桁を分離してキャッチボールの形に持ち込みましたが、
実際には桁を分離せずに、
一挙に計算する方が早く計算できます。

たとえば先ほどの例でいえば、

0.12×35
$= 0.06 \times 70$ ← $(0.06 \times 2) \times 35$ ➡ $0.06 \times (2 \times 35)$ ここでキャッチボール
$= 4.2$ ← 一挙に計算

表紙の計算式では、

0がたくさんつく数と小数のかけ算の場合、最初に0の整理をするとよい

16000×0.45
$= 80 \times 90$ ← 160×45 $(80 \times 2) \times 45$ ➡ $80 \times (2 \times 45)$ ここでキャッチボール
$= 7200$ ← 一挙に計算

少し頭がクラクラしますが、
式によっては一挙に計算しやすい場合も多いので、
次のページからはじまる実践問題を練習して頭を慣らしましょう。

最後の実践問題は簡単なものから
難しいものまで一緒に出題されています。
各問3〜5秒で解けるよう、頭をフル回転させて挑戦してみましょう！

実践問題 1

(答えは隣ページ。隠して挑戦してください。1問10点)
最後の実践問題です。難しいようであれば、
前のページで練習を重ねてから挑戦しましょう。

❶ $25000 \times 14 = \square \times \square = \square$

❷ $250 \times 280 = \square \times \square = \square$

❸ $45 \times 2200 = \square \times \square = \square$

❹ $80 \times 450 = \square \times \square = \square$

❺ $16 \times 45000 = \square \times \square = \square$

❻ $0.45 \times 16 = \square \times \square = \square$

❼ $2.2 \times 3.5 = \square \times \square = \square$

❽ $4.5 \times 12 = \square \times \square = \square$

❾ $35 \times 0.44 = \square \times \square = \square$

❿ $180 \times 0.035 = \square \times \square = \square$

第1回　点　分　秒

第2回　点　分　秒

第3回　点　分　秒

最終目標 1問3〜5秒！

① 25000 × 14 = 50000 × 7 = 350000

② 250 × 280 = 500 × 140 = 70000

③ 45 × 2200 = 90 × 1100 = 99000

④ 80 × 450 = 40 × 900 = 36000

⑤ 16 × 45000 = 8 × 90000 = 720000

⑥ 0.45 × 16 = 0.9 × 8 = 7.2

⑦ 2.2 × 3.5 = 1.1 × 7 = 7.7

⑧ 4.5 × 12 = 9 × 6 = 54

⑨ 35 × 0.44 = 70 × 0.22 = 15.4

⑩ 180 × 0.035 = 90 × 0.07 = 6.3

実践問題 2

(答えは隣ページ。隠して挑戦してください。1問10点)
最後の実践問題です。難しいようであれば、
前のページで練習を重ねてから挑戦しましょう。

❶ 14000×1150＝ □ × □ ＝ □

❷ 1200×1550＝ □ × □ ＝ □

❸ 14×17500＝ □ × □ ＝ □

❹ 80×195＝ □ × □ ＝ □

❺ 1200×1850＝ □ × □ ＝ □

❻ 1800×165＝ □ × □ ＝ □

❼ 1600×15＝ □ × □ ＝ □

❽ 180×155＝ □ × □ ＝ □

❾ 16×55000＝ □ × □ ＝ □

❿ 120×45＝ □ × □ ＝ □

第1回	点	分	秒
第2回	点	分	秒
第3回	点	分	秒

① $14000 \times 1150 = 7000 \times 2300 = 16100000$

② $1200 \times 1550 = 600 \times 3100 = 1860000$

③ $14 \times 17500 = 7 \times 35000 = 245000$

④ $80 \times 195 = 40 \times 390 = 15600$

⑤ $1200 \times 1850 = 600 \times 3700 = 2220000$

⑥ $1800 \times 165 = 900 \times 330 = 297000$

⑦ $1600 \times 15 = 800 \times 30 = 24000$

⑧ $180 \times 155 = 90 \times 310 = 27900$

⑨ $16 \times 55000 = 8 \times 110000 = 880000$

⑩ $120 \times 45 = 60 \times 90 = 5400$

実践問題 3

(答えは隣ページ。隠して挑戦してください。1問10点)
最後の実践問題です。難しいようであれば、
前のページで練習を重ねてから挑戦しましょう。

❶ 8×17500＝□×□＝□

❷ 150×600＝□×□＝□

❸ 1350×800＝□×□＝□

❹ 25000×4＝□×□＝□

❺ 55000×80＝□×□＝□

❻ 55000×4000＝□×□＝□

❼ 6000×75＝□×□＝□

❽ 10500×4000＝□×□＝□

❾ 1350×40＝□×□＝□

❿ 9500×4000＝□×□＝□

答え(こたえ)

第1回(だいかい)　点(てん)　分(ふん)　秒(びょう)
第2回(だいかい)　点(てん)　分(ふん)　秒(びょう)
第3回(だいかい)　点(てん)　分(ふん)　秒(びょう)

① 8 × 17500 = 4 × 35000 = 140000

② 150 × 600 = 300 × 300 = 90000

③ 1350 × 800 = 2700 × 400 = 1080000

④ 25000 × 4 = 50000 × 2 = 100000

⑤ 55000 × 80 = 110000 × 40 = 4400000

⑥ 55000 × 4000 = 110000 × 2000 = 220000000

⑦ 6000 × 75 = 3000 × 150 = 450000

⑧ 10500 × 4000 = 21000 × 2000 = 42000000

⑨ 1350 × 40 = 2700 × 20 = 54000

⑩ 9500 × 4000 = 19000 × 2000 = 38000000

実践問題 4

（答えは隣ページ。隠して挑戦してください。1問10点）
最後の実践問題です。難しいようであれば、
前のページで練習を重ねてから挑戦しましょう。

① 3500×6＝□×□＝□

② 4×12500＝□×□＝□

③ 4×14500＝□×□＝□

④ 1650×80＝□×□＝□

⑤ 18500×4＝□×□＝□

⑥ 6×4500＝□×□＝□

⑦ 40×15＝□×□＝□

⑧ 400×65＝□×□＝□

⑨ 400×35＝□×□＝□

⑩ 35000×80＝□×□＝□

第1回	点	分	秒
第2回	点	分	秒
第3回	点	分	秒

① $3500 \times 6 = 7000 \times 3 = 21000$

② $4 \times 12500 = 2 \times 25000 = 50000$

③ $4 \times 14500 = 2 \times 29000 = 58000$

④ $1650 \times 80 = 3300 \times 40 = 132000$

⑤ $18500 \times 4 = 37000 \times 2 = 74000$

⑥ $6 \times 4500 = 3 \times 9000 = 27000$

⑦ $40 \times 15 = 20 \times 30 = 600$

⑧ $400 \times 65 = 200 \times 130 = 26000$

⑨ $400 \times 35 = 200 \times 70 = 14000$

⑩ $35000 \times 80 = 70000 \times 40 = 2800000$

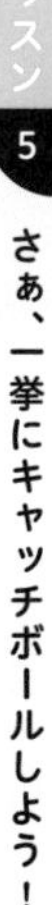

実践問題 5

(答えは隣ページ。隠して挑戦してください。1問10点)
最後の実践問題です。難しいようであれば、
前のページで練習を重ねてから挑戦しましょう。

❶ 19500×4000＝ □ × □ ＝ □

❷ 1550×4＝ □ × □ ＝ □

❸ 800×155＝ □ × □ ＝ □

❹ 40×175＝ □ × □ ＝ □

❺ 11500×80＝ □ × □ ＝ □

❻ 1450×800＝ □ × □ ＝ □

❼ 1050×60＝ □ × □ ＝ □

❽ 80×25＝ □ × □ ＝ □

❾ 1650×40＝ □ × □ ＝ □

❿ 750×4000＝ □ × □ ＝ □

第1回	点	分	秒
第2回	点	分	秒
第3回	点	分	秒

❶ 19500 × 4000 = 39000 × 2000 = 78000000

❷ 1550 × 4 = 3100 × 2 = 6200

❸ 800 × 155 = 400 × 310 = 124000

❹ 40 × 175 = 20 × 350 = 7000

❺ 11500 × 80 = 23000 × 40 = 920000

❻ 1450 × 800 = 2900 × 400 = 1160000

❼ 1050 × 60 = 2100 × 30 = 63000

❽ 80 × 25 = 40 × 50 = 2000

❾ 1650 × 40 = 3300 × 20 = 66000

❿ 750 × 4000 = 1500 × 2000 = 3000000

実践問題 6

(答えは隣ページ。隠して挑戦してください。1問10点)
最後の実践問題です。難しいようであれば、
前のページで練習を重ねてから挑戦しましょう。

❶ $6500 \times 6 = \square \times \square = \square$

❷ $1500 \times 80 = \square \times \square = \square$

❸ $8500 \times 600 = \square \times \square = \square$

❹ $40 \times 115 = \square \times \square = \square$

❺ $800 \times 95 = \square \times \square = \square$

❻ $7500 \times 80 = \square \times \square = \square$

❼ $450 \times 0.8 = \square \times \square = \square$

❽ $25000 \times 600 = \square \times \square = \square$

❾ $850 \times 400 = \square \times \square = \square$

❿ $8500 \times 80 = \square \times \square = \square$

答え

第1回	点	分	秒
第2回	点	分	秒
第3回	点	分	秒

① 6500 × 6 = 13000 × 3 = 39000

② 1500 × 80 = 3000 × 40 = 120000

③ 8500 × 600 = 17000 × 300 = 5100000

④ 40 × 115 = 20 × 230 = 4600

⑤ 800 × 95 = 400 × 190 = 76000

⑥ 7500 × 80 = 15000 × 40 = 600000

⑦ 450 × 0.8 = 900 × 0.4 = 360

⑧ 25000 × 600 = 50000 × 300 = 15000000

⑨ 850 × 400 = 1700 × 200 = 340000

⑩ 8500 × 80 = 17000 × 40 = 680000

実践問題 7

(答えは隣ページ。隠して挑戦してください。1問10点)
最後の実践問題です。難しいようであれば、
前のページで練習を重ねてから挑戦しましょう。

❶ $550 \times 600 = \square \times \square = \square$

❷ $9500 \times 600 = \square \times \square = \square$

❸ $6500 \times 8000 = \square \times \square = \square$

❹ $1250 \times 80 = \square \times \square = \square$

❺ $800 \times 105 = \square \times \square = \square$

❻ $4500 \times 400 = \square \times \square = \square$

❼ $16 \times 7500 = \square \times \square = \square$

❽ $14 \times 35000 = \square \times \square = \square$

❾ $140 \times 185 = \square \times \square = \square$

❿ $6 \times 13500 = \square \times \square = \square$

答え

第1回	点	分	秒
第2回	点	分	秒
第3回	点	分	秒

最終目標 1問3～5秒！

① $550 \times 600 = 1100 \times 300 = 330000$

② $9500 \times 600 = 19000 \times 300 = 5700000$

③ $6500 \times 8000 = 13000 \times 4000 = 52000000$

④ $1250 \times 80 = 2500 \times 40 = 100000$

⑤ $800 \times 105 = 400 \times 210 = 84000$

⑥ $4500 \times 400 = 9000 \times 200 = 1800000$

⑦ $16 \times 7500 = 8 \times 15000 = 120000$

⑧ $14 \times 35000 = 7 \times 70000 = 490000$

⑨ $140 \times 185 = 70 \times 370 = 25900$

⑩ $6 \times 13500 = 3 \times 27000 = 81000$

実践問題 8

(答えは隣ページ。隠して挑戦してください。1問10点)
最後の実践問題です。難しいようであれば、
前のページで練習を重ねてから挑戦しましょう。

❶ $1600 \times 115 = \square \times \square = \square$

❷ $14000 \times 1350 = \square \times \square = \square$

❸ $1400 \times 850 = \square \times \square = \square$

❹ $14000 \times 750 = \square \times \square = \square$

❺ $18 \times 0.145 = \square \times \square = \square$

❻ $60 \times 145 = \square \times \square = \square$

❼ $18 \times 0.0185 = \square \times \square = \square$

❽ $1800 \times 1950 = \square \times \square = \square$

❾ $16 \times 185000 = \square \times \square = \square$

❿ $120 \times 75 = \square \times \square = \square$

第1回　点　分　秒
第2回　点　分　秒
第3回　点　分　秒

最終目標 1問3〜5秒！

① 1600 × 115 = 800 × 230 = 184000

② 14000 × 1350 = 7000 × 2700 = 18900000

③ 1400 × 850 = 700 × 1700 = 1190000

④ 14000 × 750 = 7000 × 1500 = 10500000

⑤ 18 × 0.145 = 9 × 0.29 = 2.61

⑥ 60 × 145 = 30 × 290 = 8700

⑦ 18 × 0.0185 = 9 × 0.037 = 0.333

⑧ 1800 × 1950 = 900 × 3900 = 3510000

⑨ 16 × 185000 = 8 × 370000 = 2960000

⑩ 120 × 75 = 60 × 150 = 9000

実践問題 9

(答えは隣ページ。隠して挑戦してください。1問10点)
最後の実践問題です。難しいようであれば、前のページで練習を重ねてから挑戦しましょう。

❶ 12 × 0.0135 = ☐ × ☐ = ☐

❷ 1200 × 1750 = ☐ × ☐ = ☐

❸ 18 × 3500 = ☐ × ☐ = ☐

❹ 14 × 16500 = ☐ × ☐ = ☐

❺ 1400 × 95 = ☐ × ☐ = ☐

❻ 14 × 0.0145 = ☐ × ☐ = ☐

❼ 14000 × 1050 = ☐ × ☐ = ☐

❽ 1800 × 1050 = ☐ × ☐ = ☐

❾ 180 × 135 = ☐ × ☐ = ☐

❿ 1600 × 195 = ☐ × ☐ = ☐

答え

第1回　点　分　秒

第2回　点　分　秒

第3回　点　分　秒

① $12 \times 0.0135 = 6 \times 0.027 = 0.162$

② $1200 \times 1750 = 600 \times 3500 = 2100000$

③ $18 \times 3500 = 9 \times 7000 = 63000$

④ $14 \times 16500 = 7 \times 33000 = 231000$

⑤ $1400 \times 95 = 700 \times 190 = 133000$

⑥ $14 \times 0.0145 = 7 \times 0.029 = 0.203$

⑦ $14000 \times 1050 = 7000 \times 2100 = 14700000$

⑧ $1800 \times 1050 = 900 \times 2100 = 1890000$

⑨ $180 \times 135 = 90 \times 270 = 24300$

⑩ $1600 \times 195 = 800 \times 390 = 312000$

実践問題 10

(答えは隣ページ。隠して挑戦してください。1問10点)
最後の実践問題です。難しいようであれば、
前のページで練習を重ねてから挑戦しましょう。

❶ 16000×250＝ □ × □ ＝ □

❷ 18×0.45＝ □ × □ ＝ □

❸ 14×0.125＝ □ × □ ＝ □

❹ 12×145＝ □ × □ ＝ □

❺ 12×55000＝ □ × □ ＝ □

❻ 16×155000＝ □ × □ ＝ □

❼ 14×1950＝ □ × □ ＝ □

❽ 16×85000＝ □ × □ ＝ □

❾ 14×1550＝ □ × □ ＝ □

❿ 18×0.25＝ □ × □ ＝ □

第1回　　点　　分　　秒

第2回　　点　　分　　秒

第3回　　点　　分　　秒

最終目標 1問3〜5秒！

① $16000 \times 250 = 8000 \times 500 = 4000000$

② $18 \times 0.45 = 9 \times 0.9 = 8.1$

③ $14 \times 0.125 = 7 \times 0.25 = 1.75$

④ $12 \times 145 = 6 \times 290 = 1740$

⑤ $12 \times 55000 = 6 \times 110000 = 660000$

⑥ $16 \times 155000 = 8 \times 310000 = 2480000$

⑦ $14 \times 1950 = 7 \times 3900 = 27300$

⑧ $16 \times 85000 = 8 \times 170000 = 1360000$

⑨ $14 \times 1550 = 7 \times 3100 = 21700$

⑩ $18 \times 0.25 = 9 \times 0.5 = 4.5$

外貨計算

みなさんは海外旅行に行ったことがありますか？
あるいは海外の会社とやりとりしたり、海外の商品を買ったり、
そういう経験をしたことがありますか？

実はこのコラムを書いている2023年8月15日午後現在、
かつては1ドル＝110円だったUSドルと日本円の交換レートが、
1ドル ≒ 145円
という空前まれにみる円安を迎えました。

こんなときにアメリカに行って買い物をするとなると、
日本円への変換が少し難しくなりますね。
かつて1ドル＝110円だったころだと、
たとえば26ドルの服があるとして、
0を2個くっつけてプラスアルファして、だいたい3000円ぐらいだな、など
簡単に計算できたのですが、1ドル ≒ 145円となると、
プラスアルファがどれぐらいなのか想像もできません。

こういうときは思い切って
1ドル ≒ 150円
と考えましょう。すると、日本円への変換が0を2個くっつけてから

1.5倍する計算になります。

元の価格が偶数なら、今回何度も学習した

「偶数」×「5の倍数」のキャッチボール方式が適用できます。

26ドル≒2600×1.5＝1300×3＝3900

というわけで、サッとおよそ3900円、と計算できるわけです。

もしも奇数の値段なら、少し引き上げて偶数にしてしまいましょう。

どうせ1ドルを145円から150円に読み替えている段階で

誤差はある程度生じるのです。

たとえば46.80ドルなら、思い切って48ドルと考えましょう。

46.80ドル → 48ドル≒4800×1.5＝2400×3＝7200

というわけで、7000円ぐらい、ということが

サッと計算できるわけです。

これから円高、円安がどうなるかわかりませんが、

キャッチボール方式を適用できる計算式にサッと置き換えて

すぐに計算できるようになると便利ですね。

鍵本　聡

1966年、兵庫県生まれ。京都大学理学部卒業。奈良先端科学技術大学院大学情報科学研究科修了。工学修士。高校教諭、大手予備校数学科講師などを経て、現在、学習塾「KSP理数学院」代表。関西学院大学、大阪芸術大学、大阪女学院大学・短期大学非常勤講師。豊富な経験をもとに、生徒の立場からの学習法を実践的に探究している。著書に『計算力を強くする』シリーズのほか、『高校数学とっておき勉強法』『理系志望のための高校生活ガイド』(いずれも講談社ブルーバックス)などがある。

デザイン
三橋理恵子
(Quomodo DESIGN)

イラスト
ムロフシ カエ

校正
平入福恵

小学生～大人まで
16000 × 0.45 が3秒で暗算できる

2023年11月2日　第1刷発行

著　者　鍵本　聡
発行者　清田則子
発行所　株式会社　講談社
〒112-8001　東京都文京区音羽 2-12-21
販売　TEL03-5395-3606
業務　TEL03-5395-3615
編　集　株式会社　講談社エディトリアル
代　表　堺　公江
〒112-0013　東京都文京区音羽 1-17-18　護国寺 SIA ビル 6F
編集部　TEL03-5319-2171
印刷所　半七写真印刷工業株式会社
製本所　加藤製本株式会社

KODANSHA

ISBN978-4-06-534029-5